I0075562

DU

GUANO DU PÉROU

SON HISTOIRE

SA COMPOSITION, SES QUALITÉS FERTILISANTES

SON MEILLEUR MODE D'APPLICATION AU SOL

PAR

J. C. NESBIT, F.C.S., F.C.S.

CHIMISTE, PRATICIEN

MEMBRE CORRESPONDANT DE LA SOCIÉTÉ NATIONALE ET CENTRALE
D'AGRICULTURE DE FRANCE,
DIRECTEUR DU COLLÈGE DE CHIMIE ET D'AGRICULTURE, KENNINGTON, LONDRES.

QUATRIÈME ÉDITION

TRADUITE

PAR P. DE LAGARDE MONTLEZUN

MEMBRE CORRESPONDANT DE LA SOCIÉTÉ NATIONALE ET CENTRALE D'AGRICULTURE

PRIX, 1 FRANC

PARIS

IMPRIMERIE ET LIBRAIRIE DE MADAME VEUVE BOUCHARD-HUZARD,
RUE DE L'ÉPERON, 5.

1853

DU

GUANO DU PÉROU

SON HISTOIRE

SA COMPOSITION, SES QUALITÉS FERTILISANTES

SON MEILLEUR MODE D'APPLICATION AU SOL

PAR

J. C. NESBIT, F.G.S., F.C.S.

CHIMISTE PRATICIEN

MEMBRE CORRESPONDANT DE LA SOCIÉTÉ NATIONALE ET CENTRALE
D'AGRICULTURE DE FRANCE,
PRINCIPAL DU COLLÈGE DE CHIMIE ET D'AGRICULTURE, KENNINGTON, LONDRES

QUATORZIÈME ÉDITION

TRADUITE

PAR P. DE LAGARDE MONTLEZUN

MEMBRE CORRESPONDANT DE LA SOCIÉTÉ NATIONALE ET CENTRALE D'AGRICULTURE.

Prix, 1 franc.

PARIS

LIBRAIRIE DE MADAME VEUVE BOUCHARD-HUZARD,
RUE DE L'ÉPERON, 5.

1853

DU GUANO DU PÉROU.

SON HISTOIRE,

SA COMPOSITION, SES QUALITÉS FERTILISANTES, SON APPLICATION AU SOL.

Si l'on étudie l'histoire et la condition de l'agriculture depuis vingt ans, il est impossible de n'être pas frappé des remarquables progrès qu'elle a faits, durant la dernière moitié de cette période, au double point de vue de la science et de la pratique.

Le génie de nos mécaniciens s'est manifesté par l'invention d'une prodigieuse variété d'appareils nouveaux et ingénieux appropriés aux besoins d'une culture améliorée; la machine à vapeur elle-même, jusqu'ici exclusivement employée par le manufacturier, est venue prêter son puissant secours aux travaux du fermier.

L'art du draineur a porté la fécondité sur des milliers d'acres de terre humide et presque sans valeur, et de vastes étendues de terre, qui jusque-là n'avaient été drainées que dans de faibles proportions, ont ressenti d'une manière permanente et positive les heureux effets de ce mode d'assainissement.

Mais, au milieu de tous ces progrès, le plus remarquable peut-être est l'introduction et l'emploi des *engrais* dits *artificiels*, dont l'industrie rurale a retiré de si prodigieuses ressources.

Avant 1840, si l'on excepte quelques rebuts de nos manufactures, les seuls engrais artificiels dont nous fissions usage étaient les os, le sel et le plâtre.

L'introduction des os, quelques années auparavant, fut une innovation très-importante pour nos fermiers, et leur donna les moyens de cultiver avec succès les turneps, cette base principale de notre assolement quatriennal.

Dans les terrains appauvris du Cheshire et des autres comtés d'où l'on tire le fromage, l'emploi des os fut surtout un immense bienfait hautement apprécié de tous nos cultivateurs.

La publication de la première édition du *Traité de chimie* de Liebig, en 1840, fut une circonstance importante pour l'agriculture. Depuis cette époque, le chimiste a dirigé plus particulièrement ses investigations sur les vrais principes de la fertilité du sol, le négociant s'est enquis des localités étrangères où il pouvait découvrir des dépôts d'engrais puissants, et l'agriculture a pu profiter des labeurs de l'un et de l'autre. Liebig était persuadé que les récoltes, comme celles de navets, qui surtout ont besoin de phosphate, augmentaient en proportion de la solubilité de ces mêmes phosphates.

Ce célèbre chimiste, dès 1840, recommandait, au lieu des os, l'emploi d'une substance bien connue depuis longtemps des chimistes, sous le nom de phosphate acide ou superphosphate de chaux, qu'on obtient des os ou des autres phosphates par l'action de l'acide sulfurique. L'expérience est venue, depuis, confirmer la valeur des assertions de Liebig.

L'introduction des déjections d'oiseaux et d'autres animaux sous le nom de *guano*, la découverte, dans le Suffolk et quelques autres comtés, d'immenses dépôts d'os fossiles et de débris animaux connus sous la dénomination de *coprolites*, se sont succédé à peu d'intervalle, et il n'y a pas de doute que ces substances ne soient appelées à produire une véritable révolution dans la pratique de l'agriculture.

Le caractère de concentration des engrais dits *artificiels*, dans leur état de pureté, les rend évidemment avantageux pour les localités montagneuses de notre pays, où le transport des fumiers ordinaires est, à la fois, difficile et dispendieux ; une seule voiture peut maintenant transporter avec facilité la quantité suffisante d'engrais pour 15 ou 20 acres de navets, tandis qu'autrefois il fallait quinze ou vingt charges pour fumer un acre.

De tous les engrais artificiels, le guano est peut-être le plus concentré, et en outre celui qui peut le mieux s'approprier à la plus grande variété de récoltes. Les principaux minéraux qui entrent dans la composition des végétaux, chaux, magnésie, potasse, soude, chlore, acide sulfurique, et un autre plus important encore, l'acide phosphorique, se rencontrent dans le guano. L'azote, celui des principes constituants qui a le plus de valeur, existe en abondance dans le guano du Pérou, et s'y trouve dans un état très-favorable pour la végétation.

L'emploi de cet engrais, au Pérou, remonte à une époque très-ancienne. Les Incas et leurs successeurs les Espagnols ont toujours pris les précautions les plus sévères pour la conservation de ces précieux dépôts et des oiseaux qui concourent à les former; même, à une certaine époque, la peine de mort existait contre quiconque pourchassait ceux-ci pendant le temps de la ponte ou de l'incubation.

Les îles Chincha, qui contiennent les plus grands amas de cet engrais, sont situées dans l'océan Pacifique, à 12 milles environ de la côte du Pérou; elles se trouvent entre le 13e et le 14e degré de latitude sud. Il n'y pleut jamais, et la chaleur y est très-intense. Dans ces parages, la mer contient d'innombrables bancs de poissons, et les oiseaux, qui s'y trouvent par myriades, après en avoir fait une ample pâture, sont dans l'habitude, de temps immémorial, d'aller s'abattre, pour la nuit, sur ces îles, qui deviennent le réceptacle de leurs déjections. On conçoit que l'excessive chaleur du climat fait promptement évaporer toute l'humidité qu'elles contiennent. Dès lors, toute décomposition est arrêtée, et, par l'accumulation qui a lieu depuis des siècles, ces amas de matières ont acquis, dans certains endroits, une profondeur qui n'est pas moindre d'une centaine de pieds.

Le guano, tel qu'on le trouve dans les îles Chincha, offre de légères variations dans sa composition. Dans les localités au sud-ouest, ces dépôts sont plus exposés à recevoir l'écume de la mer chassée par les vents qui soufflent à la côte.

Il en résulte que ce guano a perdu une grande partie de son ammoniaque, et qu'on ne le juge pas propre à être importé chez nous. Sur d'autres points, la détérioration n'a que peu d'importance; elle consiste en un simple changement de couleur sans aucune altération appréciable dans ses parties constituantes, et conséquemment sans diminution de valeur intrinsèque par comparaison avec les guanos d'une nuance moins foncée.

Pendant le transport du Pérou jusqu'ici, le guano est sujet aux éventualités résultant des incidents d'une traversée souvent orageuse. C'est donc par le contact ou par le coulage de l'eau de mer, opéré d'une manière ou d'autre, que le guano peut seulement éprouver une détérioration que nous nommerons *naturelle*.

Les guanos ainsi altérés sont, dès leur arrivée à Londres, séparés avec soin, par les agents de la compagnie des docks, de ceux qui n'ont subi aucune avarie. Les portions plus ou moins atteintes sont classées, suivant leur état, sous trois dénominations : *altéré, doublement altéré, mouillé* (1), et désignées ainsi dans le commerce : D'.S, D. D'S et W'.S ; elles sont d'ailleurs cédées, dans les ventes publiques, à des prix réduits, comme guanos inférieurs.

MM. Ant. Gibbs et fils (2), comme agents, dans ce pays, du gouvernement péruvien, sont les seuls intermédiaires par lesquels le guano de cette provenance puisse s'écouler dans le commerce.

Les échantillons qui contiennent moins de 16 pour 100 d'ammoniaque ne sont pas considérés comme bon guano ni vendus comme tels par cette maison.

Dans les cargaisons de guano pur et complétement exempt d'avarie, la proportion d'ammoniaque varie de 16 à 18 pour 100. Si le cultivateur qui achète du guano fait constater

(1) *Damaged, double damaged, wet.*
(2) MM. Montané et compagnie, de Paris, sont les agents, en France, du gouvernement péruvien.

qu'il contient moins de 16 pour 100, il est évident qu'il y a fraude de la part du vendeur, et la loi accorde à l'acheteur une juste indemnité.

Le tableau suivant indique les proportions trouvées dans un même chargement :

	Guano non altéré pour 100.	D. pour 100.	D. D. pour 100.	W. pour 100.
Ammoniaque........	17.35	13.75	12.22	10.25

Il est facile de se faire une idée, sans en appeler à l'opinion du chimiste et du fermier, de ce que des matières excrémentielles provenant d'oiseaux abondamment nourris de substances animales peuvent renfermer de puissance fertilisante. Néanmoins on peut dire que le chimiste et le fermier sont d'accord pour proclamer la haute supériorité du guano dans la série des engrais : le premier n'a, pour cela, qu'à comparer sa composition avec celle des autres matières qui servent à accroître la fécondité du sol ; au second il suffit d'en faire l'épreuve dans son champ.

Les chimistes ont reconnu depuis longtemps que l'ammoniaque et le phosphate de chaux sont les deux éléments les plus essentiels de la composition des végétaux, et qu'ils doivent, conséquemment, occuper aussi la plus grande place dans les engrais destinés à favoriser la végétation. Cette opinion s'est appuyée d'abord sur les nombreuses analyses qui ont été faites des différents engrais, et en second lieu sur les expériences pratiques.

Il a été établi, par exemple, que, sur deux espèces de fumiers de ferme, celui qui donne les plus abondantes récoltes est celui qui contient le plus d'ammoniaque et de poudre d'os. C'est un fait bien connu que les semences des végétaux contiennent plus d'ammoniaque et de phosphate de chaux que toutes les autres portions de la plante, et il est également établi que le fumier des animaux nourris de grains ou graines a plus de valeur que celui des animaux dont le régime alimentaire se compose de foin, de paille ou de racines.

De là est venue la pratique de donner au bétail des tourteaux de graine de lin, pour obtenir le meilleur fumier possible.

Cette importance de l'ammoniaque et de la poussière d'os pour constituer la valeur d'un engrais pourrait encore se déduire de cet autre fait que les engrais artificiels employés de préférence par les cultivateurs, et cotés le plus haut sur les marchés, sont ceux où ces substances se rencontrent en plus grande quantité.

Il suit de là que la comparaison de différents excréments d'animaux ou du fumier de ferme avec un échantillon de guano pur fournira les moyens d'apprécier exactement leur puissance fertilisante relative.

Le tableau suivant contient les analyses de plusieurs sortes de fumiers faites par M. Boussingault et autres savants chimistes, auxquelles nous avons ajouté celle d'un guano du Pérou pur pris dans les qualités moyennes :

	Fumier de cour de ferme.	Fumier de cheval.	Fumier de vache.	Fumier de porc.	Excréments humains. Mélange de matières solides et liquides. (*)	Guano du Pérou. (*)
Eau...............	79.30	76.17	86.44	82.00	94.24	18.35
Matières organiques.	14.03	19.70	11.20	14.29	4.72	51.25
Matières inorganiq..	6.67	4.13	2.36	3.71	1.04	30.40
	100.00	100.00	100.00	100.00	100.00	100.00
Azote (égal à)......	0.41	0.65	0.36	0.61	0.94	13.88
Ammoniaque.......	0.49	0.78	0.43	0.74	1.14	16.85

(**) Ces deux dernières analyses ont été faites dans le laboratoire de Kennington.

MM. Boussingault, Payen et plusieurs autres de nos chimistes, s'étant occupés d'expériences de chimie agricole, sont arrivés à cette conclusion, « que la valeur des divers engrais est, à très-peu de chose près, dans la proportion de l'azote qu'ils contiennent. » Il pourrait se trouver quelques cas auxquels cette règle ne fût pas parfaitement applicable ; mais dans beaucoup d'engrais naturels un accroissement dans la proportion de l'azote est accompagné d'un accroissement de phosphate de chaux et des autres parties constituantes essentielles d'un bon engrais.

Ainsi, par exemple, dans le tableau qui précède, le chiffre de 13.88 d'azote, dans le guano, se trouve en regard de 30.40 parties de matière inorganique, dont 20.60, soit plus des 2/3, de phosphate de chaux.

Si nous prenons donc la proportion d'azote pour 100 comme un criterium, comme une indication exacte de la valeur de l'engrais, nous trouverons qu'une tonne de guano du Pérou est égale à

33 1/2 tonnes de fumier de cour de ferme,

21 de fumier de cheval,

38 1/2 de fumier de vache,

22 1/2 de fumier de porc,

14 1/2 d'excréments humains mélangés.

C'est à ceux surtout qui exploitent le sol dans les contrées un peu montagneuses, et dans toutes autres localités où les frais de transport sont élevés, à peser ces considérations.

Bien qu'en général un bon fermier produise autant d'engrais que les besoins de sa culture en réclament, il n'en est pas moins vrai de dire que souvent le fumier de ferme peut être payé trop cher, et que, sur un grand nombre d'exploitations, le transport du fumier devient un article de dépense si élevé, que, pour les champs éloignés de la ferme, on pourra obtenir en guano la même puissance fécondante avec une grande économie.

Ici une question se présente, celle de savoir si la propriété fertilisante du guano est absorbée dès la première année, où si elle peut se faire sentir encore pour les récoltes suivantes. Si nous examinons la composition chimique du guano, nous trouvons qu'il tient le milieu entre ces engrais qui, entièrement solubles, ne peuvent avoir qu'un effet passager, et ceux qui, comme les os, se décomposent lentement dans le sol et n'abandonnent leurs principes fécondants que péniblement, si on peut s'exprimer ainsi, et par degrés. En fait, le guano offre les avantages de ces deux sortes d'engrais.

De l'analyse que nous en avons donnée, il résulte qu'environ une moitié de ses éléments de fertilité est soluble dans l'eau, et en conséquence sert immédiatement à la nourriture des végétaux, tandis que l'autre moitié reste dans le sol, où elle ne fournit à la nutrition des plantes que par voie de décomposition lente.

L'acide phosphorique soluble que l'on a jugé nécessaire d'extraire des os, en les traitant par l'acide sulfurique, existe naturellement dans le guano.

Si un guano contient

12 pour 100 d'acide phosphorique et 17 pour 100 d'ammoniaque, nous trouverons que l'eau dissoudra environ 6 p. 100 d'acide phosphorique, égal à environ 13 pour 100 de phosphate de chaux à l'état soluble, et au moins 8 pour 100 d'ammoniaque. Ainsi le guano convient, par ses parties insolubles, aux sols les plus légers où l'infiltration pourrait entraîner trop rapidement les substances solubles, et d'un autre côté, à raison de ses éléments solubles, il est parfaitement approprié aux terrains forts et compactes, où la décomposition s'opère plus lentement, et qui naturellement ont besoin d'un engrais qui puisse se dissoudre plus facilement.

Au prix actuel du guano, c'est une question de savoir s'il y a réellement économie pour les fermiers à chercher, comme ils le font généralement, à augmenter la richesse de leur engrais en donnant à leurs animaux des tourteaux de lin. En effet, si le tourteau doit sa propriété fertilisante à l'azote et au phosphate de chaux qu'il contient, il est certain que le guano, d'après l'analyse qu'en ont présentée plusieurs chimistes, procure ces deux substances à un prix beaucoup moins élevé.

Dans une séance donnée par l'auteur de cette brochure aux fermiers du Dorsetshire, il a rendu cette question saisissable sous la forme suivante :

Il ne sera pas sans utilité de traiter ici un autre point très-important, savoir : l'emploi de ce que nous appelons nourriture artificielle (telle que le tourteau de lin) pour l'alimentation des animaux, est-il le moyen *le plus économique* d'introduire la poudre d'os et l'ammoniaque dans le sol? Beaucoup de fermiers se tiennent pour satisfaits, si leur bétail gras acquiert assez de valeur pour rembourser la dépense du tourteau et le prix de l'animal maigre, ne tenant aucun compte des navets, des betteraves et du foin consommés en sus pour les animaux. Il paraît évident que, si l'emploi du tourteau ne donne aucun bénéfice par la vente des bœufs et moutons, c'est la le système de production d'engrais le plus dispendieux qu'on puisse imaginer.—Le tableau suivant, qui établit la valeur comparative du tourteau de lin ou de rave et du guano comme éléments producteurs d'engrais, pourra contribuer à éclairer le cultivateur sur la meilleure méthode à adopter à cet égard.

Tableau de la valeur comparative des tourteaux de lin et de raves avec celle du guano du Pérou au point de vue de la production de l'engrais, d'après des analyses faites dans le laboratoire de MM. Nesbit, à Londres, Kennington.

	Tourteau de lin de Liverpool.	Tourteau de lin de Londres.	Tourteau de lin de Marseille.	Tourteau de raves.	Guano du Pérou.
	Livres.	Livres.	Livres.	Livres.	Livres.
Eau....................	268.8	300.7	274.4	195.8	268.8
Matière organique.....	1739.6	1699.3	1718.3	1654.2	892.2
Azote.................	109.1	118.5	118.2	115.4	295.0
Ammoniaque............	130.6	143.8	143.4	140.0	358.4
Matière inorganique...	122.3	121.5	129.1	274.6	784.0
Contenant:					
Acide phosphorique....	47.1	36.9	39.4	43.7	224.0
Potasse..............	29.1	19.1	23.7	27.1	67.2
	2240.0	2240.0	2240.0	2240.0	2240.0

Il résulte du tableau ci-dessus qu'une tonne, soit 2,240 livres de guano du Pérou contenant 16 pour 100 d'ammoniaque, introduirait dans le sol d'une ferme six fois autant de phosphate de chaux, deux fois un quart autant de potasse, et plus de deux fois et demie autant d'ammoniaque qu'une bonne du meilleur tourteau de lin et de raves. Ainsi nourrir les animaux au tourteau sans obtenir de bénéfice en les revendant est un système tout à fait dispendieux et onéreux. Si l'on ne gagne pas sur la vente des animaux engraissés pour la boucherie, le capital dépensé demeure complètement improductif.

Ces observations sont, d'ailleurs, confirmées par l'opinion des membres de l'un des clubs agricoles les plus avancés de l'Angleterre.

Le club des fermiers de Botley a déclaré, *à l'unanimité*, « que, là où il n'y a pas une production suffisante de fumier de ferme pour les récoltes de céréales, il est plus profitable d'employer des engrais riches que d'acheter du fumier, et que la même valeur d'engrais *concentrés* donnera plus de blé qu'une dépense égale appliquée aux tourteaux ou aux grains convertis en fumier par la nourriture du bétail; » et le révérend L. Vernon-Harcourt, parlant de cette opinion émise par le club, dit : « Toutes mes expériences personnelles « tendent à corroborer l'opinion émise par le club de Botley « à ce sujet. »

Livrant maintenant ces faits et ces théories à l'attention des fermiers qui cherchent à combiner une bonne culture avec l'économie dans les engrais, nous présenterons quelques considérations quant au meilleur mode à suivre et au temps le plus convenable pour appliquer le guano aux différentes espèces de récoltes.

De la manière d'employer le guano dans le sol.

Il suffit d'examiner cette question pour reconnaître qu'avant de tracer des règles de pratique en ce qui concerne l'emploi du guano il faut comparer avec soin les propriétés du sol avec celles de l'engrais qu'on veut y appliquer.

On doit aussi avoir égard aux différentes conditions atmosphériques, ainsi qu'aux saisons, particulièrement en ce qui tient à l'humidité, à la rosée ou à la pluie. La nature de la récolte que l'on veut obtenir est encore une circonstance qui doit modifier la quantité de guano à employer et l'époque de son application.

Les agriculteurs praticiens connaissent depuis longtemps la différence qui existe dans les terrains au point de vue de leur puissance conservatrice de l'engrais. Il y a tel sol sur lequel l'application d'une quantité donnée de fumier de ferme peut servir pour plusieurs années, et tel autre sur lequel la même quantité cessera dans un temps beaucoup plus court de produire des effets appréciables. Dans cette première classe de terrains se rangent les *loams*, les argiles, et en général les variétés de sols compactes. La dernière comprend les sables, les graviers, les craies, et en général toutes les terres légères désignées, avec raison, par les fermiers, sous le nom de *hungry soils* (1).

Ces variétés de sols diffèrent à la fois sous le rapport de la composition chimique et des propriétés mécaniques. Les terres compactes renferment, en général, plus d'alumine et d'oxyde de fer que les terrains légers; elles sont aussi moins perméables, même après l'opération du drainage : leurs particules sont plus fines et leur pouvoir d'absorption plus considérable. Le défaut de porosité empêche l'action trop rapide de l'air sur les engrais qu'elles peuvent renfermer, et leur pouvoir absorbant leur donne la faculté de retenir à un degré considérable la partie liquide et les éléments volatils de l'engrais, tout en attirant dans une certaine proportion les principes d'engrais (tels que l'ammoniaque) qui se trouvent dans l'atmosphère.

Il n'en est pas de même des graviers, des sables et des sols légers, lesquels, par suite de leur plus grande perméabilité, reçoivent bien davantage les influences atmosphériques jusqu'à une profondeur assez considérable.

L'engrais qu'on leur fournit est donc rapidement décomposé, et, à moins qu'on n'ait une récolte en terre toute prête à absorber les principes fécondants à mesure qu'ils se décomposent, ceux-ci se trouvent consommés en pure perte, ou se volatilisent et se perdent dans l'atmosphère. Il est donc évident que ces deux espèces de sols réclament un traitement différent.

On peut donner une forte fumure aux terrains compactes sans qu'il en résulte, au moins pour assez longtemps, aucune

(1) Terrains affamés.

autre absorption d'engrais que celle qui a lieu au profit de la récolte. Sur les sols légers il convient de faire une fumure moins considérable, même en engrais de ferme, mais il est nécessaire de la renouveler plus souvent. Nous voyons donc que ces terres légères ont l'avantage de décomposer plus rapidement l'engrais, et conséquemment de le mettre d'une manière plus immédiate à la disposition des végétaux. C'est par ce motif que cette nature de terrains est, en général, préférée par les maraîchers, qui, par des fumures fréquentes et des récoltes très-multipliées, prouvent tout le parti qu'on en peut tirer à l'aide d'une culture intelligente.

Il ne sera peut-être pas sans intérêt de rapporter ici quelques expériences faites à Kennington dans la vue de bien reconnaître les propriétés du guano et l'action des sols légers sur cet engrais.

Expérience 1.

Une petite quantité de guano du Pérou fut placée dans une soucoupe recouverte d'une petite cloche de verre contenant une bande de papier de tournesol rouge mouillé avec de l'eau distillée. Dans l'espace d'une heure ou deux, le papier prit une couleur franchement bleue (1). Ce fait constate le dégagement d'une petite quantité de l'ammoniaque du guano par la seule exposition à l'air.

Expérience 2.

Une quantité de guano fut mêlée avec quatre ou cinq fois son poids d'un léger terreau ordinaire de jardin, un peu humecté et recouvert, comme ci-dessus, d'une cloche de verre; la bande de papier de tournesol devint bleue en deux ou trois heures. Ceci prouve qu'une petite quantité de terre lé-

---

(1) On sait que le papier rouge de tournesol passe au bleu par l'action de l'ammoniaque et des autres alcalis; la couleur rouge lui est rendue par les acides.

gère, mêlée avec le guano, n'empêche pas le dégagement de l'ammoniaque.

Expérience 3.

Deux grains de guano furent mêlés avec deux mille grains de terre légère, et recouverts d'une cloche de verre ; ce mélange fut humecté très-légèrement. Après vingt-quatre heures, le papier de tournesol avait pris une légère teinte bleue. On ajouta alors au mélange un peu d'eau pure distillée. Vingt-quatre heures après, la teinte était devenue beaucoup plus foncée.

Il résulte de cette expérience que la terre même, en excessive quantité, n'empêche pas le dégagement d'une certaine partie d'ammoniaque. Une autre expérience a constaté que la terre elle-même dégage une très-petite partie d'ammoniaque.

Expériences 4, 5 et 6.

Celles-ci furent faites sur une pièce de prairie dépendant de l'école de Kennington : deux portions de terre marquées avaient reçu du guano deux mois auparavant, dans la proportion, l'une de 280 livres (1), l'autre de 560 livres par acre ; une troisième portion n'en avait pas reçu. Une cloche de verre renfermant du papier rouge de tournesol humecté fut placée avec soin, l'ouverture en bas, sur chacune des trois portions de terre. La couleur du papier de tournesol avait visiblement changé dans chacune des cloches, mais d'une manière bien plus sensible sur les deux parties qui avaient reçu du guano. Au moment où se faisaient ces expériences, le vent était du nord-est et la température très-basse. L'herbe de la prairie ne donnait que peu ou point de signes de végétation.

De ces expériences nous avons tiré la conclusion qu'il y a, en général, un léger dégagement d'ammoniaque sur les ter-

(1) Un nombre quelconque de livres anglaises, *avoir du pois*, par acre, répond, pour les usages agricoles, au même nombre de kilogrammes par hectare.

rains en nature d'herbage ou de prairie, fumés ou non, à cette
époque de l'année où la végétation est comme suspen-
due (1).

Expérience 7.

Une portion du mélange indiqué dans l'expérience 3 fut
placée dans un filtre avec une quantité d'eau pure distillée.
Le liquide qui passait à travers le filtre n'avait aucune action sur le papier de tournesol. Ayant cependant renouvelé
l'expérience suivant l'usage avec de l'hydrate de chaux, toutes précautions étant bien prises, le papier de tournesol passa
immédiatement au bleu.

De cette expérience il résulte qu'un mélange étant donné
de terre légère et de guano, l'eau a la propriété de le dissoudre et de déplacer une partie de l'ammoniaque de ce dernier.

La différence des sols n'est pas la seule circonstance à
prendre en considération; il y a lieu de tenir compte aussi
de celle du climat, qui offre de grandes variations dans les
îles Britanniques.

En Irlande, en Écosse, et dans les districts ouest de l'Angleterre, de Cornwall à Cumberland, la quantité de pluie qui
tombe dans l'année est à peu près double de celle que reçoivent les comtés de Suffolk, de Norfolk, et en général toute la
côte de l'est : aussi l'air y est plus constamment chargé d'humidité; ce qui fait que cette partie de la Grande-Bretagne est
moins favorable à la production des céréales, et convient davantage pour la culture des racines et des récoltes vertes. On
peut donc, à toutes les époques de l'année, y employer le
guano dans de fortes proportions, sans courir le risque de
brûler la récolte, ce à quoi on serait exposé dans nos comtés
de l'est. Dans ces derniers le guano ne doit jamais être employé en couverture par un temps sec. On doit choisir une
journée humide ou pluvieuse.

(1) Ces expériences demanderaient à être répétées sur différents sols,
pour pouvoir fournir des inductions d'une application générale.

Le blé qui vient dans les localités humides est sujet à se coucher avant l'époque de la moisson ; en conséquence, si on le fume avec du guano, on doit y apporter beaucoup de précautions. 224 livres par acre sont complétement suffi-santes, moitié au moment de la semaille et le reste au prin-temps.

Des faits ci-dessus rapportés et de plusieurs autres également bien établis, nous pouvons déduire les règles suivantes en ce qui concerne l'emploi du guano :

Règles pour l'emploi du guano.

1° Le guano doit être employé de préférence par un temps humide ou pluvieux.

2° On ne doit pas le répandre sur les terres en prairie ou en herbage passé le mois d'avril.

3° Lorsque le guano est appliqué aux terres arables, il doit être immédiatement mélangé avec le sol, soit avec la herse, soit de toute autre manière.

4° Lorsqu'on sème de bonne heure le blé en automne, on ne doit y mettre qu'une partie de la fumure ordinaire du guano, et réserver le reste pour le printemps ; autrement le blé pousse avec trop de force et est exposé à souffrir des ge-lées qui peuvent survenir.

5° Le guano et les engrais artificiels en général doivent être répandus seulement en quantité suffisante pour la récolte à laquelle on les applique, et nullement en vue des récoltes subséquentes. Chaque récolte doit être fumée séparément.

6° Avant de faire usage du guano, il convient de le mêler avec deux, trois ou quatre fois son poids de cendres, de char-bon de bois, de sel ou de terre très-légère.

7° Le guano, dans aucun cas, ne doit être mis en contact avec la semence.

Ces règles, si on veut bien les suivre exactement, garanti-ront le cultivateur de toutes ces fâcheuses pertes de temps et d'argent que nos fermiers, même les plus intelligents, ont

2

éprouvées, faute de bien connaître les propriétés des *engrais concentrés* ou riches.

Afin de mettre les agriculteurs encore plus en garde contre les mécomptes résultant d'une mauvaise application du guano, nous allons maintenant décrire les meilleures pratiques à suivre pour son application aux principales récoltes.

Mode d'emploi du guano pour les différentes cultures.

NAVETS.

Pour cette culture, le guano peut être répandu soit à l'aide du semoir (ou *drill*), soit à la volée.

Si l'on se sert du drill, on devra mêler le guano avec 4, 5 ou 6 fois son poids de cendres de bois (1), de tourbe, de houille ou de terreau passé au crible.

Le charbon (de tourbe ou de bois) en poudre forme aussi un très-bon mélange avec le guano en suivant les proportions indiquées. Sa grande porosité lui permet d'absorber l'ammoniaque volatile, et, dans les temps secs, d'attirer une grande partie de l'humidité de l'air, ce qui est un très-grand avantage pour la culture du turneps.

Avant d'opérer le mélange, le guano doit être réduit en poudre fine, ce qui peut s'exécuter facilement, sur le sol d'une grange ou d'un hangar, avec le rouleau ordinaire des jardins, ou même à coups de pelle. On étend alors sur le sol une couche bien égale de cendres, que l'on recouvre d'une couche de guano passé au crible, puis d'une nouvelle couche de cendres et d'un nouveau lit de guano, jusqu'à ce qu'on en ait la quantité voulue. Le mélange est ensuite complétement

---

(1) Plusieurs espèces de cendres de bois, qui contiennent une proportion considérable d'alcali à l'état libre, ne conviennent pas pour le mélange avec le guano, attendu qu'elles font dégager son ammoniaque; c'est ce dont il est facile de se convaincre en mêlant une pelletée de cendres avec la même quantité de guano. Si une forte odeur ammoniacale se produit immédiatement, les cendres ne conviennent pas pour le mélange. — J. C. N.

mêlé avec la pelle, et on le passe de nouveau au crible au moment de l'employer.

En répandant le guano au semoir, on doit éviter avec soin que l'engrais ne tombe avec la semence, et faire en sorte qu'il y ait environ 1 pouce de terre entre les deux, autrement la force du guano ne manquerait pas de faire périr le grain. Le semoir de Garrett ou celui d'Hornsby, et d'autres semoirs de construction récente, conviennent très-bien pour répandre le guano et les autres engrais riches.

Lorsqu'on sème le guano à la volée, soit pour les racines, soit pour le blé, on doit y ajouter, au lieu de cendres, un poids égal de sel ordinaire et aussi du charbon de bois. En général, l'addition seule du sel donne au mélange assez d'humidité pour qu'il puisse se répandre exactement dans la direction que veut lui donner le semeur. Lorsque les autres mélanges ne présentent pas cette condition, on doit y ajouter une petite quantité d'eau, après quoi l'engrais se sème d'après la méthode habituelle ; ensuite on donne un hersage, et on répand le grain au semoir suivant l'usage du pays.

Peut-être serait-il préférable de semer à la volée deux tiers de la quantité de guano qu'on veut employer, et de répandre l'autre tiers au semoir avec la semence. Les jeunes plantes auraient alors la quantité d'engrais suffisante pour les alimenter dans les premières phases de leur existence, tandis que le guano semé à la volée fournirait à leurs besoins dans un âge plus avancé, alors que les racines prennent diverses directions dans le sol.

La quantité de guano à employer par acre varie suivant la nature du terrain. Dans les terres fortes, 224 ou 336 livres sont une proportion convenable; cependant on en a mis, avec succès, jusqu'à 672 livres.

224 livres semées à la volée et 112 livres semées au semoir me paraissent devoir offrir les meilleures chances pour une bonne récolte.

L'expérience a prouvé que, lorsqu'une portion du guano est répandue en ligne au semoir, si ensuite on donne une façon aux turneps, avec la houe à cheval, lorsqu'ils sont levés, on obtient de très-belles récoltes. Il y a tout lieu de croire que c'est là un des meilleurs moyens d'appliquer le guano, attendu que, dans les sols légers, il peut ainsi produire tout son effet, les racines des turneps recevant un nouvel engrais à l'époque où elles commencent à prendre de la force. 2 quintaux répandus à la volée, avant de semer les turneps, et 112 livres répandues ensuite au semoir, seront certainement une quantité suffisante.

Une combinaison de super-phosphate de chaux et de guano a été employée aussi avec beaucoup de succès. Dans ce cas, 224 livres de guano sont semées à la volée, et la même quantité de super-phosphate de chaux mêlé avec des cendres est répandue, au semoir, en même temps que la semence.

Enfin nous conseillerons encore à nos fermiers les plus expérimentés d'essayer sur les turneps l'effet d'un mélange de guano du Pérou et d'acide sulfurique.

L'acide sulfurique est, par lui-même, sans aucun doute, un véritable engrais, et il paraît qu'il exerce une action particulière sur les turneps. Le mélange pourrait se composer de 448 livres de guano et 112 livres d'acide blanc à 66° ou du poids spécifique de 1.84. Le guano est mis en tas, avec un creux au milieu, dans lequel on verse l'acide sulfurique. Le tout est brassé ensuite avec une pelle ou tout autre instrument. Une action chimique très-intense se produit alors, et en très-peu de temps la masse devient sèche et convenable pour le drill.

Si l'on employait l'acide brun à 1.7 de densité au lieu d'employer l'acide blanc à 1.84, on devrait en mettre un quart de plus. La quantité ci-dessus indiquée suffira pour 2 acres. Nous pensons que cette espèce de mélange devra constituer un engrais très-puissant.

Betteraves.

Le guano est un excellent engrais pour cette récolte. Dans les sols tenaces et dans les *loams*, on est dans l'usage de labourer et de mettre dans le sol 10 ou 20 tonnes de fumier de ferme, avant Noël, si c'est possible. Deux ou trois semaines avant de répandre la graine au semoir, 448 livres de guano, avec un poids égal de sel commun, sont semées à la volée, et on fait suivre d'un bon hersage. On répand ensuite la graine au semoir, suivant l'usage habituel, en lignes écartées de 30 à 40 pouces. On a soin d'éclaircir plus tard les plants, afin qu'ils ne soient pas trop rapprochés. Il est très-important de donner des façons avec la houe à cheval entre les lignes à plusieurs reprises, ce qui procure de l'air aux plantes et des éléments de nutrition aux racines. On trouvera un grand avantage, comme dans la culture des turneps, à répandre un peu de guano entre les lignes avant d'y faire passer la houe. Cette opération garantit l'alimentation successive des jeunes plantes.

Si on ne met pas de fumier de ferme pendant l'hiver, il faut employer 672 livres de guano au lieu de 448. Dans les terres fortes, cet engrais doit être répandu en automne ou au printemps, bien mêlé avec le sol, en ne négligeant pas la précaution indiquée d'en répandre ensuite entre les lignes, lorsqu'on y fait passer la houe. Dans tous les cas, la terre doit être mise en bon état pour la semence du blé.

Sur les sols crayeux et légers, dans les environs de Guildford, un mélange de guano, de nitrate de soude et de sel commun, à raison de 224 livres de chaque pour 1 acre, a été reconnu très-efficace pour développer la végétation des betteraves.

Herbages et prairies.

Les nombreuses expériences agricoles de Kuhlman, chimiste français, relativement à l'action de l'ammoniaque sur les prairies et herbages, ont démontré que le guano était d'une grande efficacité pour cette nature de récolte. Il a appliqué l'ammoniaque sous différentes formes, en combinaison avec d'autres minéraux simples, et il a trouvé que, dans tous les cas, la production de l'herbe ou du foin était exactement proportionnée à la quantité d'ammoniaque existant dans l'engrais; Or le guano, qui en contient une forte proportion, et qui la produit (jusqu'à présent du moins) au meilleur marché possible, doit, sans aucun doute, favoriser puissamment la production de l'herbe.

Pour le genre de culture dont il s'agit, il convient d'employer, par acre, de 224 à 448 livres de guano bien mêlé avec le sol.

On doit choisir, pour le répandre, un temps humide ; la fin de mars et le commencement d'avril paraissent être l'époque la plus favorable. Dans certaines circonstances, le guano peut être utilement répandu sur les terres en herbage ou en prairie pendant l'automne, surtout si le sous-sol est une terre forte, ou s'il participe de la nature du *loam* (1). Appliqué dans cette saison, il aura pour résultat d'activer la végétation de l'herbe de très-bonne heure au printemps.

Blé, orge, avoine et autres céréales.

Si on emploie le guano, au lieu de fumier de ferme, pour la culture du blé, on devra en répandre au moins une portion en automne ; il faudra avoir soin, toutefois, d'en réduire la proportion de manière à ne pas activer trop promptement la végétation de la plante, qui, dès lors, pourrait souffrir de la gelée ; 112 livres par acre, sur les terres légères, peuvent être répandues à la volée et hersées pendant l'automne, soit avant, soit après l'ensemencement du blé au semoir. Au printemps, on en fera une nouvelle application de 112 ou 224 livres au plus, et on y donnera un léger hersage. Si les lignes du blé sont suffisamment écartées pour laisser passer la houe à cheval, on s'en servira avec un véritable avantage.

Dans le cas où le blé fumé, suivant la pratique la plus ordinaire, avec le fumier de ferme, se présenterait mal au prin-

(1) Nous n'avons pas, en français, d'équivalent du mot *loam*. C'est une sorte de terre très-estimée en Angleterre, et qui, en effet, est très-productive, plus consistante que les sols sablonneux, le sable qui entre dans sa composition étant d'une extrême ténuité, plus légère cependant, que la terre argileuse proprement dite. (*Note du traducteur.*)

temps, on trouvera un grand bénéfice à y mettre en couverture un mélange de 224 livres de guano et de 448 livres de sel. Cette dernière substance a beaucoup d'efficacité pour fortifier la paille du blé et des autres céréales, et, dans les localités où la récolte est sujette à se coucher toutes les fois qu'on emploiera du guano, on devra y ajouter 448 ou 560 livres de sel par acre. Pour l'orge et l'avoine, on mettra 224 livres de guano et 448 livres de sel par acre, lesquelles seront répandues à la volée; ensuite on sèmera le grain au semoir et on donnera un hersage.

Pommes de terre.

Il paraîtrait, d'après les nombreuses expériences qui ont été faites, que le guano, ajouté au fumier de ferme et employé en couverture, convient très-bien pour cette culture. La terre est préparée selon l'usage; le fumier de ferme est déposé dans le fond des raies; les semences de pommes de terre sont placées sur l'engrais et enterrées.

Avant que les plantes aient commencé à paraître, le guano sera semé sur le sommet des lignes et recouvert avec la charrue, après quoi on passera le rouleau.

Si les pommes de terre sont plantées à plat et non en ligne, le guano doit être semé à la volée sur le terrain deux ou trois semaines après la plantation, et alors on en mettra de 336 à 672 livres par acre.

Beaucoup d'essais ont constaté la grande utilité du sulfate de soude ou du sulfate de magnésie ajoutés au guano pour favoriser cette récolte. Autant que nous pouvons en juger par nos propres expériences, ces deux sels auraient un effet très-marqué pour préserver les pommes de terre de l'altération spéciale. Nous recommandons en conséquence, aux cultivateurs qui emploieront le guano, d'y ajouter par acre 112 livres de sulfate de soude et pareille quantité de sulfate de magnésie.

Si on n'emploie pas de fumier de ferme pour les pommes de terre, on doit répandre à la volée 224 ou 336 livres de guano, herser, puis planter les pommes de terre suivant la méthode ordinaire. Trois ou quatre semaines après, on y répandra de nouveau la même quantité de guano, avec 112 livres de chacun de ces deux sulfates, et on donnera un léger hersage.

Le mélange d'acide sulfurique et de guano indiqué plus haut, page 18, à l'article des *Turneps*, serait aussi, probablement, un très-bon engrais pour cette récolte.

Fèves, pois et plantes légumineuses.

Pour les fèves ou les pois, on devra employer 224 ou 336 livres de guano par acre, soit qu'on répande le tout à la volée avant l'ensemencement, soit qu'on en réserve une portion pour semer entre les lignes lorsqu'on fera passer la houe à cheval. Cette dernière méthode nous paraîtrait devoir être la meilleure.

Pour les vesces, le sainfoin, la luzerne et le trèfle, mettez 224 ou 336 livres par acre et semez à la volée. Cette opération devra se faire au commencement d'avril, par une matinée où la rosée soit très-épaisse ou par un temps pluvieux; elle serait sans résultat si on avait la probabilité d'un temps sec d'une certaine durée.

Lin.

Cette récolte passait autrefois pour être une des plus épuisantes. Nous savons maintenant que les récoltes de céréales, et en général celles qui passent pour appauvrir le plus le sol, sont celles qui réclament la plus forte proportion d'azote pour la formation de la graine, et pour lesquelles, par conséquent, les engrais ammoniacaux conviennent le mieux.

Par suite de l'emploi du guano, le lin ne devra plus être considéré comme une plante *épuisante*.

Si l'on emploie le guano pour cette récolte, on en mettra de 224 à 448 livres par acre, en le mélant avec des cendres: on sèmera à la volée et on hersera. Quelques jours après, la graine de lin sera semée au semoir.

Choux, carottes.

On a reconnu aussi que le guano, employé dans la proportion de 224 à 448 livres par acre, était très-avantageux pour ces cultures. On ne doit pas, d'ailleurs, perdre de vue que les carottes exigent de profonds labours, et qu'on améliorera sensiblement ces deux récoltes en ayant soin de façonner la terre entre les lignes et d'y ajouter alors une petite fumure supplémentaire de guano.

Houblon.

Il n'y a aucune récolte qui profite davantage des engrais ammoniacaux que le houblon. La nécessité d'enlever, chaque année, la plante du sol exige naturellement la restitution d'une grande quantité d'engrais minéraux et organiques.

448 livres de guano et 336 livres de sel par acre répandues en deux fois, les façons données ensuite entre les lignes, procureront de très-bons résultats. L'engrais peut aussi être placé autour de chaque pied et recouvert par la terre. D'après plusieurs analyses faites sur des houblons, l'auteur avait déjà recommandé le mélange suivant, il y a quelques années, comme un très-bon engrais pour cette plante.

Engrais pour le houblon (par acre).

336 livres de guano,
112 — de sel commun,
168 — de salpêtre ou nitrate de soude,
112 — de gypse.

Ce compost a été employé avec beaucoup de succès dans plusieurs parties des comtés de Surrey, Kent et Sussex.

Il est inutile de donner ici de plus amples détails sur les différentes récoltes auxquelles le guano peut être appliqué avec avantage, ou de décrire d'une manière plus circonstanciée son mode d'emploi. Tout fermier un peu intelligent apprendra bientôt à varier ses applications suivant le but qu'il se propose.

Mais le guano n'est pas seulement utile à l'agriculteur, il est d'un grand prix aussi pour l'horticulteur, et plusieurs de nos plus beaux spécimens de légumes, de fruits et de fleurs doivent à un emploi intelligent de cet engrais l'admiration qu'ils ont excitée et les prix qu'ils ont obtenus.

Pour de plus amples détails en ce qui concerne les applications horticoles du guano, nous ne pouvons mieux faire que de renvoyer le lecteur aux colonnes du *Gardeners' Chronicle*. Toutefois, en terminant cette partie de notre travail, nous ne pouvons nous empêcher de citer l'opinion du docteur Lindley, le savant éditeur de cet estimable journal, savoir : « que, si l'expérience de ces dernières années nous a « appris un fait plus certain que tout autre, c'est sans con- « tredit l'excellence du guano pour toute espèce de récolte « *qui demande de l'engrais*. »

Vignes.

Le guano, appliqué à la culture des vignes, sera aussi reconnu très-avantageux. On peut l'employer de la même manière que pour le houblon, en ayant soin, cependant, d'adopter des proportions un peu moins fortes ; 200 à 400 kil. par hectare seront très-suffisants. Il serait très-bon d'y ajouter 100 kilog. de salpêtre (azotate de potasse), également par hectare. Il conviendra de répandre cet engrais sur le sol au commencement du printemps.

Le mélange ci-dessus recommandé pour le houblon donnera, évidemment, de très-bons résultats.

Composition du guano.

Les bornes de cet écrit ne nous permettent pas de donner la description des principes immédiats qui constituent les différentes espèces de guano. Il n'est pas d'ailleurs nécessaire au praticien de les connaître d'une manière particulière, la valeur commerciale du guano étant parfaitement déterminée par la proportion d'ammoniaque et de phosphate de chaux qu'il contient.

Le lecteur pourrait, d'ailleurs, se reporter, s'il désirait être plus amplement informé à ce sujet, à un article du docteur Ure, sur le guano, dans le cinquième volume du *Journal de la Société royale d'agriculture.*

Dans nos recherches sur le guano, nous nous sommes occupé plus spécialement de celui du Pérou, attendu que le chiffre de l'importation de cet article sur nos marchés dépasse de beaucoup celui de toutes les importations réunies des autres espèces de guano (1). Il ne sera cependant pas hors de propos de dire ici quelques mots des autres variétés. Les principales sont les guanos d'Angamos, du Chili, de la Bolivie, de Saldanhah-Bay et de l'Australie. Les îles Ichaboë, sur la côte d'Afrique, ont fourni, depuis quelques années, de fortes quantités de guano d'une qualité moyenne; mais nous croyons que ce dépôt est aujourd'hui complétement épuisé.

Le guano d'Angamos provient de la côte occidentale de l'Amérique du Sud. C'est le plus récent des dépôts de cet engrais, qu'on n'obtient qu'avec peine, en bravant toutes sortes de dangers et de difficultés, sur les rochers nus et escarpés qui le recèlent. Dans son état de pureté, il est d'une qualité tout à fait supérieure, et, lorsqu'il n'a subi aucune avarie, il contient fréquemment 20 à 24 pour 100 d'ammoniaque; mais la faible proportion dans laquelle on peut se le procurer rend cet engrais très-peu intéressant pour le fermier.

(1) Tableau de la totalité des importations de guano dans le royaume uni de 1846 à 1851 inclusivement, dressé d'après une enquête ordonnée par la chambre des communes le 2 avril 1852.

	1846.	1847.	1848.	1849.	1850.	1851.
	Tonnes.	Tonnes.	Tonnes.	Tonnes.	Tonnes.	Tonnes.
Guano du Pérou.	22,410	57,762	61,055	73,567	95,083	199,732
Tous autres.....	66,793	24,630	10,359	9,871	21,842	43,284
Total...	89,203	82,392	71,414	83,438	116,925	243,016

Les amas de Saldanhah-Bay et les autres dépôts formés sous un climat humide ont beaucoup perdu de leur qualité primitive. Les sels ammoniacaux, si précieux, les phosphates solubles ont été en grande partie dissous, les matières animales azotées se sont décomposées, et il ne reste plus guère que le phosphate de chaux. Les guanos du Chili et de la Bolivie sont souvent dépréciés par une forte proportion de sable, et celui de Shark's-Bay (Australie) ne mérite certainement pas d'être transporté dans notre pays. Le cultivateur ne doit, dans aucun cas, acheter ces différentes espèces de guano sans en avoir une analyse exacte; autrement, à raison des altérations auxquelles elles sont sujettes, il s'exposerait à les payer 2 ou 3 livres sterling par tonne (50 à 75 fr. par mille kilos) au delà de leur valeur réelle.

Au reste, on ne peut se faire une juste idée des différences de composition que présentent les guanos des divers pays ci-dessus cités que par une analyse comparative. Afin de mettre les agriculteurs à même de porter un jugement exact sur les guanos vendus dans nos marchés, nous donnons ci-après le tableau analytique des six principales variétés :

ANALYSES DES DIFFÉRENTES VARIÉTÉS DE GUANO.

	Guano d'Angamos.	Guano d'Angamos.	Guano du Pérou.	Guano du Chili.	Guano de Bolivie.	Guano de Saldanhah-Bay.	Guano de Shark's-Bay.
Eau........................	10.90	12.55	9.30	20.46	16.00	17.92	14.47
Matière organique, etc.....	67.36	61.07	57.30	18.50	13.16	14.08	7.85
Sable, etc..................	1.04	5.36	0.75	22.70	3.16	2.80	14.47
Phosphates terreux.........	16.10	13.76	23.05	31.00	60.23	59.40	29.54
Sels alcalins, etc.........	4.60	7.26	9.60	7.34	7.45	5.80	33.67*
	100.00	100.00	100.00	100.00	100.00	100.00	100.00
Azote (égal à).............	19.95	18.24	15.54	4.50	2.11	0.63	0.35
Ammoniaque.................	24.19	22.12	18.87	5.47	2.56	0.76	0.47

* Dont 29.54 p. 100 de gypse.

Toutes les analyses ci-dessus ont été faites dans les laboratoires de Kennington. Les échantillons analysés provenaient de chargements reçus à Londres dans le cours des six derniers mois. Les guanos du Chili et de la Bolivie étaient fort inférieurs à ceux qui avaient été précédemment importés; probablement parce que les importateurs auront d'abord enlevé tous ceux de la meilleure qualité.

Nous croyons devoir ici donner aux cultivateurs le conseil de ne pas s'en rapporter aux analyses qui leur sont souvent présentées, et qui se bornent à indiquer que tel ou tel guano contient tant pour 100 de *matière organique animale* ou de *sels ammoniacaux.*

Sur ces annonces trompeuses, il est absolument impossible, même au chimiste le plus expérimenté, d'avoir la plus légère notion de la valeur d'un engrais. Nous recommandons, en conséquence, aux fermiers de n'acheter, dans aucun cas, du guano pour lequel on ne donnerait pas l'indication exacte de la proportion d'*ammoniaque* et de *phosphate de chaux.*

Si un agriculteur, disposé à faire un achat de cet engrais, désire en soumettre un échantillon à l'analyse d'un chimiste, il devra procéder ainsi : il choisira au hasard cinq ou six sacs dans le lot qu'il veut acheter; il prendra une demi-livre de l'engrais dans chacun de ces sacs; il en fera un mélange aussi homogène que possible; 2 onces de ce mélange suffisent pour l'analyse, et peuvent facilement être envoyées par la poste sur tous les points du royaume uni. Pour garantir l'échantillon de toute évaporation, on devra l'envelopper dans une mince feuille d'étain ou de plomb, comme celles qui garnissent les boîtes à thé, et le recouvrir ensuite de papier. Si on ne pouvait se procurer cette feuille métallique, on atteindrait le même but en enveloppant l'échantillon dans deux feuilles de fort papier.

Pour fournir un point de comparaison à l'agriculteur qui désirerait se rendre un compte exact de la composition et de la valeur du guano dont il se rend acquéreur, nous donnons ici l'analyse d'un échantillon moyen d'un guano péruvien récemment importé par le navire l'*Augustus.*

Guano du chargement de l'Augustus.

Eau	14.24
Matière organique , etc., etc.	52.71
Sable, etc., etc.	1.55
Phosphate de chaux	25.10
Sels alcalins , etc., etc.	6.40
	100.00
Azote (égal à)	13.95
Ammoniaque	16.97

Des falsifications du guano.

Après les observations que nous avons présentées sur les avantages du guano, il conviendrait, peut-être, de terminer là notre travail. Nous regardons, toutefois, comme un fâcheux devoir d'envisager maintenant notre sujet sous un aspect moins intéressant sans doute, mais non moins important.

D'une part, la grande valeur du guano comme engrais, et l'extension que sa vente a prise dans ces derniers temps, de l'autre la parfaite ignorance où sont beaucoup de cultivateurs des moyens de reconnaître sa pureté, la répugnance qu'ils éprouvent à faire la dépense d'une analyse chimique, ont porté beaucoup de marchands, peu imbus des principes de probité, à le falsifier, pour ainsi dire, méthodiquement et sur une grande échelle. Ces opérations illicites ont malheureusement trouvé un auxiliaire puissant dans la tendance trop générale, et très-prononcée, des fermiers à se procurer le guano au plus bas prix possible, sans avoir égard à son degré de richesse.

Si le marchand honnête homme, qui offre sur le marché un guano pur, en se bornant à un bénéfice modéré, voit son confrère le fraudeur vendre plus facilement un guano falsifié, il ne lui reste d'autre ressource que d'abandonner ce commerce ou de frauder également. Celui qui veut, à toute force, du guano *à bon marché* devrait bien se rappeler qu'il lui reviendra toujours à un prix trop élevé, s'il doit n'acheter qu'une marchandise altérée sur laquelle le vendeur malhonnête gagne 20 ou 30 pour 100. En résumé, nous conseillerons aux amateurs d'engrais à bon marché de suivre l'exemple de Quin, qui, trouvant son lait altéré par une addition de moitié d'eau, se présenta un matin au laitier, avec deux pots, en lui disant : « Vendez-moi le lait et l'eau séparément, je ferai le mélange « moi-même. »

Il est réellement impossible, à quiconque habite une localité un peu reculée, de s'imaginer à quel point est portée la

. fraude sur le guano à Londres ou dans les grands centres de population.

Une nouvelle branche de commerce, très-étendue et très-lucrative du reste, est maintenant établie ; elle consiste à préparer des substances qui, par leur forme et leur aspect, soient de nature à pouvoir se mêler avec le guano, et dont on approvisionne ceux qui se livrent à la vente de cet engrais.

Un assez grand nombre de matières se prêtent à cette falsification. Le sable, la marne, l'argile, la craie, la pierre à chaux, les briques, les tuiles, le gypse, la terre même au besoin , tels sont les matériaux que le fermier est appelé à payer 8 ou 10 livres sterl. par tonne. Les marnes de Stratford, de Vanstead et autres localités de l'Essex, les *loams* jaunes de Norwood, en Surrey, sont particulièrement recherchés par les fraudeurs. Ces substances, mélangées et assorties de manière à affecter la couleur du guano, sont livrées aux marchands sophisticateurs des villes ou même des campagnes, qui y ajoutent *un peu de guano pur*, afin de donner l'odeur caractéristique de cet engrais.

Cette odeur est même plus généralement obtenue par le mélange avec les guanos altérés ; ainsi le fermier trompé achète et reçoit du guano de qualité inférieure, mélangé de marne plus mauvaise encore, au lieu de l'engrais naturel qu'il croit acheter.

Les deux analyses ci-après donneront une idée des falsifications qui se commettent sur le marché aux engrais : n° 1, apporté à Liverpool par navire, offert en vente, à Londres, sur échantillon, ici comme guano du Pérou, à 6 livres 10 schellings ou 7 livres par tonne (165 à 175 fr. les mille kilos) ; là comme guano de Saldanhah-Bay, *contenant* 60 pour 100 de phosphate de chaux, à 4 ou 5 livres (100 à 125 fr.) par tonne. Les échantillons étaient renfermés dans des sacs de papier bleu, et annoncés comme ayant été pris sur un bâtiment arrivé tout récemment de Valparaiso. On en apporta à Londres 150 tonnes, qui, pour la plus grande partie, furent vendues à des fermiers des comtés du Sud. Le n° 2

était offert en vente, comme guano de Saldauhah-Bay, au prix
de 3 ou 4 livres par tonne.

En voici la composition :

N° 1. — Guano?		N° 2. — Saldauhah-Bay guano?	
Gypse	74.05	Sable	48.81
Phosphate de chaux	14.05	Phosphate de chaux	10.21
Sable	2.64	Gypse	5.81
Eau et perte	9.26	Craie	22.73
		Eau	12.44
	100.00		100.00
Ammoniaque	0.51	Ammoniaque	trace.

Nous devons dire cependant que, si les négociants dont
nous signalons ici les fraudes coupables sont nombreux, il y
a encore certainement un assez bon nombre de commerçants
honnêtes dont la loyauté ne peut être mise en doute.

Nous invitons les fermiers à s'adresser, pour ces achats, à
des hommes d'une réputation bien établie, qui ont un renom
de probité à conserver, et qui ne leur demanderont qu'un
bénéfice convenable.

On ne devrait d'ailleurs pas perdre de vue que le plus bas
prix auquel MM. Gibbs et fils puissent livrer le guano du
Pérou *en gros* est 9 livres 5 schellings (231 fr. 25 c.) par tonne.
avec réduction de 2 1/2 pour 100 au comptant ; or le marchand revendeur doit, en outre, payer les frais de magasi-
nage, de transport et autres frais accessoires qui viennent
s'ajouter au prix du guano ; il faut enfin qu'il tire un intérêt
raisonnable de son argent, s'il fait un assez long crédit aux
acheteurs, tandis qu'il a dû payer comptant.

Nous laissons maintenant au bon sens des cultivateurs à
juger si l'on peut espérer d'avoir du guano naturel, et sans
mélange, au bas prix pour lequel sont livrés sur nos marchés
ces guanos constamment annoncés comme *guanos purs*.

Afin de donner aux acheteurs trop crédules plus de facilités
pour se préserver de ces fraudes, nous consignerons ici quelques observations sur les moyens de reconnaître les falsifications du guano.

3

Méthode pour découvrir les altérations du guano.

L'analyse chimique de cet engrais est naturellement la meilleure manière de reconnaître s'il est falsifié ou non, et il est vraiment regrettable que si peu de cultivateurs aient recours à ce moyen, dont la dépense est véritablement insignifiante, si on la compare à l'importance du résultat.

On a longtemps manqué d'une méthode certaine pour constater la pureté du guano, et en même temps assez simple pour pouvoir être comprise et pratiquée par toute personne d'une intelligence ordinaire. Dans ce but, nous avons fait, dans notre laboratoire, une longue série d'expériences ; elles nous ont enfin amené à proposer un petit nombre d'opérations simples, et à l'aide desquelles on pourra toujours découvrir promptement tous les genres de fraude pratiqués jusqu'ici sur le guano.

Comme la falsification a lieu le plus ordinairement par l'addition du sable ou de la marne, qui sont plus pesants que le guano, nos recherches se sont d'abord portées sur la pesanteur spécifique de celui-ci comme un des éléments propres à signaler le mélange. Dans une séance que nous avons tenue il y a quelque temps au *Farmers' Club* de Londres, nous avons montré que 1 once de bon guano pur, placée dans un tube cylindrique de verre, occupe environ deux fois autant de place que le même poids en guano falsifié. Partant de cette donnée, nous avons fait plusieurs centaines d'épreuves, avec des guanos de différentes sortes, dans des tubes semblables. Toutefois, bien que cette opération puisse facilement faire reconnaître les échantillons falsifiés, il était désirable de pouvoir trouver un mode de constatation plus rigoureusement exact.

Nous avons entrepris plusieurs autres essais, et ceux que nous allons indiquer ont servi de base à la méthode que nous avons définitivement adoptée.

4 onces (avoir du pois) de bon guano furent placées dans une bouteille à bouchon d'une capacité de 3,000 grains d'eau. On y mit de l'eau, et on agita fortement jusqu'à ce que le mélange fût bien opéré. On y ajouta encore un peu d'eau, et on agita de nouveau; on laissa ensuite en repos, pour permettre aux bulles d'air de se dégager. On acheva de remplir la bouteille jusqu'à ce que l'écume fût sortie. Le bouchon fut alors ajusté avec précaution, mais très-hermétiquement, et la bouteille essuyée avec un linge. Une tare égale au poids de la bouteille seule fut placée dans l'un des plateaux d'une balance et la bouteille pleine dans l'autre.

Cette opération, fréquemment répétée, a permis de constater que la bouteille contenant le guano et l'eau pesait 664 grains de plus que la même bouteille contenant de l'eau seulement; ce qui donne 664 grains pour le poids moyen excédant, dû au guano.

Le tableau ci-après contient le résultat des expériences qui ont été faites avec des échantillons de guano pur et avec les substances dont on se sert pour le falsifier :

POIDS INDIQUÉS PAR LES ÉPREUVES SUR LE GUANO.

La bouteille contenant 3,000 grains d'eau.

	Onces	NOMS DES BATIMENTS.	Grains.
1	4	Field................................	3663
2	4	Colombia.............................	3662
3	4	Princess-Victoria....................	3668
4	4	Digby................................	3665
5	4	Liskeard.............................	3655
6	4	Duncan-Richie........................	3669
7	4	Rosina..............................	3677
8	4	Mary-Ann............................	3668
9	4	Albyn...............................	3679
10	4	Johann-George........................	3661
11	4	Rosamond............................	3645
12	4	Ann-Dashwood........................	3648
13	4	Alfred..............................	3645
14	4	Juno................................	3659
15	4	Brothers............................	3665
16	4	Richardson..........................	3641
17	4	Hamilton............................	3679
18	4	Anna................................	3677
19	4	Midas...............................	3659
20	4	Will-Willmot........................	3659
21	4	Macdonell...........................	3653
22	4	Cumberland..........................	3651
23	4	Retriever...........................	3677
24	4	Lucy................................	3677
25	4	Vigilant............................	3669
26	4	Julius-Cæsar (guano avarié).........	3719
27	4	Vicar of Bray (id.).................	3703
28	4	Field, falsifié, 10 pour 100........	3709
29	4	Dito, 20 pour 100...................	3757
30	4	Dito, 30 pour 100...................	3815
31	4	Guano, 7 livres 10 sch. par tonne (falsifié)....	3867
32	4	Guano, 7 livres 12 sch. par tonne (id.).......	3894
33	4	Sel.................................	3930
34	4	Sable...............................	4095
35	4	Gypse...............................	4065

Des expériences dont le résultat précède, on peut déduire la méthode ci-après, méthode très-simple, qui fera aisément reconnaître les falsifications du guano :

Procurez-vous, chez un pharmacien, une bouteille ordinaire à large goulot, avec un bouchon de cristal solide (celles qui sont connues sous la désignation de *bouteilles à large goulot de 6 onces* (1) conviendront parfaitement) ; remplissez-

(1) One known as a wide-mouthed 6-oz. bottle.

la d'eau ordinaire, bouchez-la bien, et ayez soin qu'elle soit complétement sèche à l'extérieur. Les balances dont on se servira doivent être sensibles à un poids de 2 grains. Placez la bouteille dans un des plateaux de la balance, et tarez-la dans l'autre avec du petit plomb ou du sable ; enlevez alors la bouteille, retirez deux tiers de l'eau qu'elle contient, et *mettez-y 4 onces avoir du pois* du guano que vous voudrez éprouver ; agitez la bouteille, en y remettant, de moment en moment, un peu d'eau ; laissez-la en repos deux minutes, et remplissez-la, en ayant soin de laisser échapper l'écume ; ajustez le bouchon hermétiquement, essuyez bien et remettez la bouteille dans le plateau de la balance ; ajoutez à la tare un poids de 1 once et 1/2, plus une pièce d'argent de 4 pence, et, si la bouteille l'emporte, il y a toute probabilité que le guano est falsifié. Ajoutez encore à la tare une pièce d'argent de 3 pence, et, si la bouteille est plus pesante, la falsification ne laisse plus de doute.

On peut constater positivement, par cette opération fort simple, l'addition de la plus légère quantité de sable, de marne, etc., etc.

Nous conseillerons encore une autre méthode basée sur les propriétés des minéraux qui constituent le guano. Quand cet engrais est soumis à la combustion au rouge, la cendre a une couleur blanc de perle due à l'absence du fer et des autres oxydes métalliques colorants.

Or, comme le fer se trouve toujours dans la marne, l'argile, etc., etc., la cendre de tout guano qui en contiendrait non-seulement serait plus colorée, mais augmenterait de poids comparativement à celle du guano pur.

La proportion de matière minérale ou de cendre dans les différents échantillons de guano varie uniformément de 30 à 35 seulement pour 100, ainsi que le fait connaître le tableau ci-après.

Tableau de la matière minérale pour cent contenue dans le guano du Pérou.

	Nom du bâtiment.	Pour 100 de cendre.
1	Johann-George....................	33.4
2	Ann-Dashwood..........,........	32.2
3	Alfred...........................	32.0
4	Juno.............................	32.3
5	Brothers.........................	33.2
6	Richardson.......................	30.7
7	Hamilton.........................	33.4
8	Anna............................	32.5
9	Midas............................	33.0
10	Will-Willmot	34.0.
11	Macdonell.......................	33.1
12	Cumberland......................	32.3
13	Retriever........................	31 9
14	Lucy............................	31.8
15	Vigilant..........................	33.5
16	Rosamond.	35.0
17	Julius-Cæsar (avarié)..............	38.2
18	Success (id.).....................	33.6
19	Guano, 7 livres 10 sch. par tonne (falsifié).....	62.7
20	Guano, 7 livres 12 sch. par tonne (id.)........	65.8

De ces faits dérive la méthode suivante pour découvrir la falsification :

On devra se procurer une petite paire de balances, une petite capsule de platine, une paire de petites pinces, une lampe à esprit-de-vin. 10 grains de guano sont placés sur la petite capsule, laquelle est tenue sur la flamme de la lampe, pendant quelques minutes, jusqu'à ce que la plus grande partie de la matière organique soit consumée. On laisse refroidir pendant quelque temps, et on y ajoute quelques gouttes d'une forte solution de nitrate d'ammoniaque pour faciliter la combustion du carbone qui se trouve dans le résidu. On chauffe de nouveau et modérément la capsule, ayant soin d'éviter l'ébullition ou toute perte de cendre jusqu'à ce que l'eau soit complétement évaporée. On chauffe alors au rouge, et, si le guano est pur, la cendre aura cette couleur blanc de perle dont nous avons parlé, et son poids ne devra pas excéder 3 grains 1/2; si, au contraire, il est falsifié, la cendre sera colorée et excédera ce poids.

Il suffit même de brûler sur une pelle rouge quelques grains de guano pour reconnaître, par la couleur du résidu, s'il y a eu falsification. Cependant nous ne recommanderons pas particulièrement cette méthode, attendu que le fer même de la pelle pourrait, dans certains cas, donner une coloration à la cendre.

Il demeure entendu que la proportion de cendres par 100 n'indique pas toujours d'une manière positive si un guano a été altéré ou non, et que les expériences que nous avons indiquées ne doivent pas s'appliquer aux échantillons mouillés ou seulement humides qui, évidemment, proviendraient de chargements avariés. Quant au bon guano, il est toujours parfaitement sec au toucher.

Si la falsification a été opérée à l'aide de substances très-peu pesantes ou *floconneuses*, on peut facilement la reconnaître par le procédé suivant :

Faites dissoudre dans 1 pinte d'eau autant de sel qu'elle pourra en recevoir, et filtrez la solution ; mettez-en une certaine quantité dans une soucoupe ou tout autre vase, et jetez dessus le guano que vous voulez soumettre à l'expérience. Le guano pur s'enfoncera immédiatement, ne produisant qu'une large écume, tandis que le guano falsifié laissera les matières plus légères qu'il contient flotter à la surface.

Si c'est à l'aide de la craie ou de la pierre à chaux qu'on a opéré la fraude, on pourra s'en convaincre bientôt en jetant un peu de fort vinaigre sur une cuillerée de guano déposée dans un verre à vin ; en agitant, l'effervescence signalera la présence de ces corps étrangers. Dans les mêmes conditions, le bon guano laissera seulement échapper quelques bulles d'air.

Si les cultivateurs voulaient se donner la peine de consacrer eux-mêmes quelques moments à essayer d'appliquer ces différents procédés aux guanos dont ils font usage, les marchands qui le falsifient auraient bien moins de chances de succès qu'ils n'en ont aujourd'hui. Nous devons faire remarquer, toutefois, que ces méthodes ont seulement pour objet de faire reconnaître les falsifications les plus considérables. Il en est d'autres qui peuvent être pratiquées dans des proportions moins fortes, et pour lesquelles les agriculteurs véritablement progressifs et ceux qui sont habituellement occupés ne devront jamais négliger de recourir à l'assistance du chimiste.

De tout ce qui précède ressortent naturellement les faits suivants :

1° Si 4 onces de guano dans une bouteille d'eau, traitées comme il a été dit plus haut et pesées avec une bouteille d'eau, présentent un excédant de poids de plus de 1 once 1/2 et une pièce d'argent de 4 pence, sa pureté est douteuse. Si cet excédant est augmenté d'une pièce d'argent de 3 pence, le guano est certainement falsifié, et on devra procéder à l'analyse.

2° Si la cendre résultant de la combustion offre une coloration quelconque et n'est pas d'un blanc de perle, le guano est mauvais.

3° Si la cendre produite par 10 grains de guano pèse plus de 3 1/2 grains ou moins de 3 grains, la pureté est douteuse.

4° Si une quantité de fort vinaigre, ajoutée au guano, produit une effervescence un peu considérable, ce dernier est falsifié sans aucun doute.

5° Si le guano flotte à la surface d'une forte solution de sel et d'eau, on peut être assuré qu'il n'est pas pur (1).

EXPÉRIENCES AGRICOLES PRATIQUES FAITES AVEC LE GUANO.

Les limites que nous avons dû nous imposer ne nous permettent de rapporter qu'un petit nombre des expériences agricoles faites sur cet engrais. Pour de plus amples détails, le

(1) On trouvera, à des prix modérés, des collections complètes des différents appareils et ustensiles nécessaires pour toutes ces expériences chez M. G. Simpson, chimiste praticien, 1 et 2, Kennington-Road, à Londres.

lecteur peut se reporter au journal de la société royale d'agriculture, aux mémoires de la société des Highlands d'Écosse, au Mark Lane Express, au Gardeners' Chronicle, au Bell's Weekly Messenger, etc., etc.

EXPÉRIENCES DE ROBERT MONTEITH, ESQ., DE CARSTAIRS.

I. — RÉCOLTE D'AVOINE, 1843. — Une partie de champ, fumée avec 269 livres de guano, coûtant 31 schellings par acre impérial, a produit, également par acre, 59 bushels.

Fumée avec 10 bushels de poudre d'os, coûtant 23 schellings 4 pence par acre impérial, cette même terre a produit, par acre, 43 bushels.

La différence peut être établie ainsi qu'il suit :

Dépense du guano, 31 s. 0 d.; produit, 59 bush. à 2 s. 6 d. 7 l. 7 s. 6 d.
Dépense des os, 23 s. 4 d.; produit, 43 bush. à 2 s. 6 d. 5 7 6

7 s. 8 d.	2 0 0	
A déduire pour la différence de l'engrais.	0 7 8	
Excédant en faveur du guano..........	1 l. 12 s. 4 d.	

II. — RÉCOLTE DE FOIN, 1843. — Sur une pièce de terre fumée, l'année précédente, avec du fumier de ferme, on a mis 267 livres de guano par acre impérial, coûtant 31 schellings, et le produit *en sus*, par acre, a été de 22 quintaux de foin.

Ce qui, à raison de 3 sch. par quintal, fait....... 3 l. 6 d. 0
A déduire pour le coût du guano............... 1 11 0

Excédant en faveur du guano, par acre... 1 l. 15 d. 0

Elburton, près Thornbury, Gloucestershire,
28 février 1844.

MESSIEURS,

Permettez-moi de vous communiquer le résultat de l'emploi du guano que vous m'avez vendu au mois de mai de l'année dernière.

Ma récolte de pommes de terre comprenait 3 a. 1 r. 18 p., dont 30 perches furent fumées avec 131 livres de guano à raison de 6 qx. 1 qr. par acre. Le reste du champ n'avait reçu aucun engrais.

La partie fumée a produit 10 sacs, soit........... 16 sacs pour 30 perches.
La partie non fumée a produit 167 s., soit à peine 10   »

      Augmentation sur la partie fumée   6
Ainsi la partie fumée a produit, par acre,   85 sacs.
La partie non fumée   »   52 »

       Total en plus par acre........ 33

Et, en prenant ainsi comme moyenne ce produit pour 30 perches de toute la partie non fumée par comparaison avec la partie fumée, je n'attribue pas au guano toute sa valeur, car une bonne moitié du champ était plantée en pommes de terre d'une qualité commune qui donne beaucoup plus que l'espèce sur laquelle a été fait l'essai du guano.

Mais je sais que, lorsqu'une expérience a réussi et a satisfait l'expérimentateur, on lui fait trop souvent la part belle, soit en choisissant, comme preuve pour elle, une partie inférieure de la récolte à laquelle on l'oppose, soit en forçant la mesure d'un côté et en la diminuant de l'autre; aussi, dans tous les cas, j'ai donné la mesure d'acheteur sur laquelle il n'y a pas d'erreur possible.

	l. s. d.
L'augmentation de récolte sur les 30 perches fumées a été de 6 sacs, que j'ai vendus, à l'époque de la plantation, à raison de 5 sch. par sac..............................	1 10 0
La dépense de 131 livres de guano, y compris le transport et le supplém. de labour.	0 15 7
Profit net sur 30 perches...	0 14 5

Les mêmes pommes de terre, si elles se vendaient aujourd'hui, donneraient, d'après les prix actuels, 6 sch. de bénéfice de plus.

Le profit dans la même proportion, sur 1 acre, serait:

	l. s. d.
Augmentation par acre 33 sacs, à 5 sch.............	8 5 0
Coût du guano, transport et supplément de labour.	4 3 2
Profit net par acre..........	4 1 10
Ou aux prix actuels........................	5 14 10

La partie qui avait reçu le guano était de beaucoup la plus belle. Les pommes de terre y étaient en avance sur les autres d'une semaine au moins, et conservèrent jusqu'à la récolte un avantage marqué.

Je fis servir ce qui me restait de guano à plusieurs expériences qui toutes donnèrent un bon résultat; mais je n'en ai pas tenu un compte exact. Mon intention est de l'essayer sur une plus large échelle l'année prochaine, et je ne doute pas que je n'obtienne un plein succès.

Agréez, Messieurs, etc.
G. B. OSBORN.

A MM. Gibbs, Bright et comp.

Expériences faites sur une récolte de foin, par R. Osborn, Esq., à *Brunswick Lodges, Henbury*.

Guano par acre.	Herbe par perche.	Herbe par acre.				Foin par acre.				Augmentation par acre résultant de l'emploi du guano.			
		Tons.	q.	qrs.	l.	Tons.	q.	qrs.	l.	Tons.	q.	qrs.	liv.
2 quintaux..	105 livres.	2	10	0	0	2	7	0	21	0	17	3	25
4 —	155 —	11	1	1	20	3	9	2	18	2	0	1	22
Aucun.....	65 —	4	12	3	12	1	9	0	24	»	»	»	»

Expériences sur l'emploi du guano et d'autres engrais dans le parc du duc de Sommerset, à Stover, près Newton-Abbot, Devon ; par E. S. Bearné.

N° 1. — Compte rendu d'une expérience ayant pour objet la puissance comparative de cinq espèces différentes d'*engrais artificiels* à l'effet d'améliorer une terre d'étang, l'expérience étant faite sur 1 acre d'herbage de qualité inférieure, à Stover-Park, en 1847, 1848 et 1849. La terre sur laquelle l'essai a été fait est d'une qualité absolument uniforme ; c'est un *loam* sablonneux, léger, ayant seulement quelques pouces de profondeur, reposant sur une couche d'argile blanche. Le champ avait été drainé en 1844. Jusque-là il ne donnait pas un revenu de plus de 5 schellings par acre. On n'y mit aucune espèce d'engrais en 1848 ni en 1849, attendu que l'objet de l'expérience, s'étendant sur une période de trois années, était précisément d'éprouver la faculté de durée (*durability*) des différents engrais employés.

— 44 —

TABLEAU I.

Nos.	Engrais employés en 1847.	Poids du foin récolté en 1847. Livres.	Poids du foin récolté en 1848. Livres.	Poids du foin récolté en 1849. Livres.	Poids du foin récolté, par acre, en 1847. Seams de 3 quintaux	Poids du foin récolté, par acre, en 1848. Seams de 3 qr.	Poids du foin récolté, par acre, en 1849. Seams de 3 qr.	Prix des engrais. L. s. d.
1	Six yards cubes de vase d'étang mêlés avec 6 quintaux de sel...	312	327	613	4 2/3	4 3/4	9	0 14 0
2	Six yards cubes de vase d'étang mêlés avec un baril 1/2 (hogshead) de chaux...	353	337	538	5 1/4	5	8	0 13 6
3	Six yards cub. de vased'étang mêlés avec 3 bushels de poudre d'os...	511	419	670	7 1/2	6 1/4	10	0 14 3
4	Trois yards cubes de vase d'étang mêlés avec 3 yards cubes de déchets de tannerie...	524	354	558	7 3/4	5 1/4	8 1/3	0 14 0
5	Six yards c. de vase d'étang mêlés avec 90 liv. de guano du Pérou	930	550	725	13 3/4	8	10 3/4	0 14 0

NOTA. — La seconde coupe, en 1847, a été consommée par les moutons; en 1848, on n'en a rien fait.

N° II. — Compte rendu des expériences faites avec les engrais ci-dessus mentionnés, sur un acre de terre en herbage, à Stover-Park, en 1849. Ces engrais, mêlés avec une petite quantité de terre fine, ont été répandus à la volée le 29 mars et pendant le temps pluvieux qui a régné à cette époque. La terre est d'une bonne qualité moyenne; elle était primitivement en terre arable; mais elle a été mise en herbage depuis quelques années. La fauchaison se fit le 22 juin, et les fourrages produits par ces différents engrais était d'une qualité supérieure.

TABLEAU II.

Nos.	Engrais employés.	Quantité d'engrais employée. Quintaux.	Quantité employée par acre. Quintaux.	Poids du foin récolté. Livres.	Poids récolté par acre. Seams de 3 qr.	Prix des engrais. L. s. d.	Prix des engrais par acre. L. s. d.
1	Aucun...	....	....	401	4 3/4		
2	Super-phosphate de chaux...	2 1/4	9	616	7 1/3	0 18 0	3 12 0
3	Nitrate de soude...	1	4	706	8 1/3	0 18 0	3 12 0
4	Guano du Pérou...	1 1/2	6	1,210	14 1/8	0 18 0	3 12 0

Herbages.

Les expériences ci-après ont été faites en 1843, au jardin botanique de Manchester, par M. Alex. Campbell ; elles offrent un véritable intérêt en ce qu'elles constatent une diminution de produit en herbe après une application de plus de 10 quintaux de guano par acre.

EXPÉRIENCE FAITE EN AVRIL.	PRODUIT PAR ACRE.	
	Prod. en herbe.	Guano.
	Tons. q. l. onc.	q. liv. onc.
Le produit de 1 yard carré sur lequel on avait répandu 1 once de guano mêlé avec des cendres pesait 3 livres......................	6 9 72 0	2 78 8
Le produit de 1 yard sur lequel on avait répandu 1 once 1/2 de guano mêlé avec des cendres pesait 3 livres 2 onces...........	6 15 5 0	4 5 12
Le produit de 1 yard sur lequel on avait répandu 2 onces de guano mêlé avec des cendres pesait 3 livres 11 onces 1/2..........	8 0 78 12	5 45 0
Le produit de 1 yard sur lequel on avait répandu 2 onces 1/2 de guano mêlé avec des cendres pesait 4 livres 4 onces............	9 3 74 0	6 84 4
Le produit de 1 yard sur lequel on avait répandu 3 onces de guano mêlé avec des cendres pesait 4 livres 11 onces............	10 2 63 8	8 11 8
Le produit de 1 yard sur lequel on avait répandu 3 onces 1/2 de guano mêlé avec des cendres pesait 5 livres 14 onces..........	12 13 99 0	9 50 12
Le produit de 1 yard sur lequel on avait répandu 4 onces de guano mêlé avec des cendres pesait 4 livres 10 onces.............	9 19 92 0	10 90 0

Extrait d'une lettre de M. J. M. PAINE, ESQ., *de Farnham.*

(Extrait du *Gardener's Chronicle.*)

« En ce qui concerne l'application de l'ammoniaque aux récoltes de céréales, je répète que peu importe sous quelle forme on la donne au sol. Choisissez, en conséquence, ce qui en fournira la plus forte proportion par 100 relativement à l'argent que vous devrez y consacrer. Aujourd'hui le guano du Pérou (ni altéré ni mélangé d'impuretés), donnant 17 ou 18 pour 100 d'ammoniaque, est certainement la matière qui la fournit au meilleur marché. L'année dernière, après avoir enlevé une récolte de navets de Suède, j'employai 3 quintaux du guano du Pérou par acre mêlés avec la même quantité de marne phosphorique (1), et j'obtins, comme je vous l'ai déjà marqué, un peu plus de 8 *quarters* d'orge par acre. En 1848, après une récolte de navets de Suède mangés sur place par les moutons, la pièce de terre fut semée en orge et fumée en couverture, lorsque les plantes avaient 5 à 6 pouces de haut, à raison de 84 livres de sulfate d'ammoniaque et de 224 livres de marne phosphorique par acre. Ayant eu soin, toutefois, de laisser quelques parties du champ sans être fumées, nous pûmes constater un rendement de 12 à 16 *bushels* d'orge *en plus* par acre sur les parties ainsi fumées en couverture.

« L'année dernière, une récolte d'avoine me donna, en moyenne, 12 quarters par acre. Nous venons de finir de couper la récolte de cette année, et nous comptons sur une moyenne de 14 quarters. Cette récolte provient d'un ensemencement d'avoine, après turneps et navets de Suède, dont une partie seulement avait été enlevée du champ. Au moment de la semaille de l'avoine, nous répandîmes, par acre, 4 quintaux de guano, avec un mélange de suie et de poudre d'os. Le sol est une argile graveleuse, d'assez médiocre qualité, reposant sur la craie. Un de mes voisins, exploitant un terrain semblable, après l'avoir drainé, y a mis 6 quintaux de guano par acre, et sa récolte s'est trouvée à peu près égale à la mienne ; tandis qu'un autre de mes voisins, dans un champ contigu à une pièce d'avoine, mais cultivé d'après l'ancien système, n'aura guère que le cinquième de chacune de nos récoltes. Je dois ajouter que nos céréales sont entièrement exemptes de mauvaises herbes, car nous

(1) La présence de l'acide phosphorique dans la marne de Farnham fut reconnue pour la première fois par moi en 1847. Cette circonstance ne fut pas mentionnée dans l'article qui parut ultérieurement sur ce sujet dans le neuvième volume du *Journal de la Société royale d'agriculture*, quoique j'eusse pris soin d'en informer directement les rédacteurs. — J. C. N.

désirons beaucoup n'avoir pas à nettoyer notre sol, lorsque nous labourerons pour les turneps.

« Si j'avais enlevé la totalité de mes turneps et navets, j'aurais considéré comme une nécessité de doubler la quantité d'engrais artificiel pour l'avoine. En employant les engrais ammoniacaux pour le blé, si le sol était une argile ou un *loam* un peu consistant, je mettrais la totalité de la fumure dès l'automne; si, au contraire, le terrain était graveleux ou crayeux, j'en mettrais seulement moitié au moment de l'ensemencement, et le reste au commencement de mars. En résumé, je dirai que, lorsque nos pièces de terre en céréales présentent des parties faibles, nous regardons comme une très-bonne méthode de les fortifier par une fumure de guano au printemps. »

FIN.

CONVERSION

DES POIDS ET MESURES ANGLAIS EN POIDS ET MESURES FRANÇAIS.

Mesures de longueur.

Le *Pied anglais* est, au *Pied français*, dans le rapport de 938 à 1,000. 1 *Pied* anglais vaut donc environ 11 pouces 3 lignes de France, ou 304 millimètres.

Le *Yard* anglais se compose de 3 pieds, et égale 2 pieds 9 pouces 9 lignes ou 914 millimètres.

Mesures de superficie.

L'*Acre* contient 43,560 *pieds* anglais. Il est à l'arpent de 48,400 pieds de France, comme 1,000 est à 1,262. Son rapport à l'hectare est environ de 40 ares 54 centiares pour l'acre.

L'*acre* se divise en 4 *Roods* ou *Rods*, et chaque Rood (10 ares 12) en 40 *pôles* ou *perches*.

Mesures de capacité des céréales.

Le *Bushel* contient 2,178 pouces anglais; il contient environ 55 ou 56 livres, poids de marc, de froment. Son rapport à l'hectolitre est à peu près de 36 litres 1/4.

Le *Bushel* se divise en 4 *Pecks*, et le Peck en 2 *Gallons;* le gallon vaut ainsi 4 litres 1/2.

Le *Quarter* se compose de 8 Bushels, et vaut, par conséquent, 2 hectolitres 90 litres à peu près.

Poids.

La *Livre* anglaise, *Avoir du pois*, est à la livre de 16 onces, poids de marc, comme 1,000 est à 1,009 à peu près. Elle vaut 453 grammes 44 centigrammes. Elle se divise également en 16 Onces, et l'Once en 16 Drachmes.

Le quintal se forme de 112 livres.

Le *Ton* est de 2,240 livres anglaises, soit 1,016 kilogrammes.

Monnaies.

La *Livre Sterling* vaut 25 francs environ, plus ou moins, selon l'état du change.

Elle se divise en 20 *Schellings*, le *Schelling* en 12 Deniers ou Pence.

Le *Schelling* vaut environ 1 franc 20 centimes, et le *Denier* ou *Penny* (au pluriel *Pence*) environ 10 centimes, suivant le change, comme la livre sterling.

PARIS. — IMPRIMERIE DE Mme V° BOUCHARD-HUZARD, RUE DE L'ÉPERON, 5.

www.ingramcontent.com/pod-product-compliance
Lightning Source LLC
Chambersburg PA
CBHW071340200326
41520CB00013B/3056